Jules Haime

De la Vie humaine

Science

 Le code de la propriété intellectuelle du 1er juillet 1992 interdit en effet expressément la photocopie à usage collectif sans autorisation des ayants droit. Or, cette pratique s'est généralisée dans les établissements d'enseignement supérieur, provoquant une baisse brutale des achats de livres et de revues, au point que la possibilité même pour les auteurs de créer des œuvres nouvelles et de les faire éditer correctement est aujourd'hui menacée. En application de la loi du 11 mars 1957, il est interdit de reproduire intégralement ou partiellement le présent ouvrage, sur quelque support que ce soit, sans autorisation de l'Éditeur ou du Centre Français d'Exploitation du Droit de Copie , 20, rue Grands Augustins, 75006 Paris.

ISBN : 978-1719407205

10 9 8 7 6 5 4 3 2 1

Jules Haime

De la Vie humaine

Science

Table de Matières

Introduction	7
Section I	10
Section II	19
Section III	24
Notes	33

Introduction

Rien n'est laissé au hasard dans le monde animé. Toute fonction, tout développement, tout phénomène s'accomplit suivant des lois préétablies. Chaque être a sa sphère d'action déterminée, son rôle fixe, sa destination marquée, comme chaque fait a son degré de puissance, son objet, sa direction, sa durée. Le terme de toute chose est arrêté à l'avance. « Tu n'iras pas plus loin » est le mot fatal que Dieu a jeté non pas seulement aux flots de la mer, mais encore à tout ce qui sent, à tout ce qui croit, à tout ce qui vit. On trouve pour chaque espèce, avec des facultés propres et des besoins particulière, des espaces de temps régulièrement précisés pour le développement de l'œuf, pour l'accroissement, pour la vie même. Le cours de la vie et des époques qui la composent est également réglé chez le plus incomplet des animaux et chez l'homme, qui est le premier de tous. Les limites entre lesquelles le terme est fixé diffèrent seulement suivant les espèces, et jamais elles ne sont d'une rigueur absolue, *à priori*, on doit s'attendre à es trouver assez étendues dans le genre humain en raison de la diversité des races et des climats, aussi bien que des conditions inégales et des influences multiples auxquelles il est soumis. Les chances de destruction qui nous menacent sans cesse sont d'ailleurs presque infinies. L'homme compte à lui seul plus de maladies que tous les autres êtres de la création pris ensemble. Ses passions, ses vices, ses malheurs, ses travaux, toutes les causes morales en un mot viennent s'ajouter aux mille causes physiques qui tendent à abréger ses jours. Il y a ainsi pour lui une variété d'éléments nuisibles, une foule de principes perturbateurs, une succession continue d'accidents communs aux autres êtres, ou propres à sa nature, qui compliquent singulièrement le problème de sa durée normale. Heureusement, pour éclairer cette question, la lumière nous vient de trois côtés à la fois, et les données de la physiologie, de l'histoire, de la statistique, peuvent être successivement contrôlées les unes par les autres. L'étude des limites de la vie humaine a fait depuis le commencement de ce siècle des progrès notables, et de nos jours même elle se continue encore par d'importants travaux. Il y a donc lieu d'espérer que des résultats vraiment scientifiques viendront couronner des recherches entreprises dans des directions si diverses, et la conclusion même que nous chercherons à en tirer prouvera que, sur ce point comme sur tant d'autres, il s'agit moins d'aspirer à de nouvelles découvertes que de classer et de résumer les notions déjà obtenues.

La science dont nous aurons à constater les progrès en ce qui touche la vie de l'homme ne possède encore, que des données assez incomplètes sur l'étendue de la vie des divers animaux. L'âge d'un arbre est inscrit sur la tranche de sa tige, et il suffit de compter les couches ligneuses dont elle est formée pour avoir le nombre des années qu'il a déjà vécues [1] ; mais nous manquons de caractères analogues pour reconnaître l'âge des animaux : le peu que nous savons touchant la durée de leur vie, il a fallu l'apprendre par des observations directes, toujours lentes et difficiles, qu'il serait nécessaire de multiplier beaucoup pour obtenir des résultats positifs.

Les espèces appartenant aux dernières classes du règne animal paraissent avoir en général une durée fort courte ; la plupart d'entre elles vivent au plus quelques années. Parmi les poissons, il en est un certain nombre qui, naissant très petits et croissant avec lenteur, sont destinés cependant à acquérir une grande taille. Dans les viviers des césars, des murènes ont été nourries jusqu'à l'âge de soixante ans. En calculant d'après le poids que les carpes atteignent en dix années, on en a péché plusieurs qui devaient avoir près d'un siècle. En 1497, il fut pris, dit-on, dans un des étangs du château de Lautern un brochet pesant trois cent cinquante livres, qui, d'après une inscription gravée sur un anneau suspendu à l'un de ses opercules, y avait été mis deux cent soixante-sept ans auparavant par ordre de l'empereur Frédéric II. Forster parle de tortues qui auraient vécu plus d'un siècle après leur capture, et les crocodiles passent aussi pour avoir la vie très longue. Quelques oiseaux, l'aigle, le cygne, le corbeau, les perroquets, sont regardés comme pouvant jouir d'une existence séculaire. L'auteur de *la Macrobiotique*, Hufeland, parle d'un faucon, envoyé du cap de Bonne-Espérance à Londres, qui portait ces mots gravés sur un collier d'or : « À S. M. Jacques, roi d'Angleterre, 1610, » et il s'était écoulé cent quatre-vingt-deux ans depuis sa captivité.

Tous ces faits ne présentent pas un caractère suffisant d'authenticité. Nous avons un peu plus d'expérience relativement à la durée des mammifères, et surtout des mammifères domestiques. Nous savons que le cheval vit à peu près vingt-cinq ans, le chameau quarante, le cerf de trente-cinq à quarante, le bœuf de quinze à vingt, le chien de dix à douze, le chat de neuf à dix. La vie du lion est environ de vingt ans, celle du lièvre et du lapin de sept ou huit, celle du cochon d'Inde de six à sept. Les très grands animaux, l'éléphant, l'hippopotame, le rhinocéros, la baleine, vivent probablement un temps beaucoup plus considérable. On voit toutefois, par ces exemples, que la plupart des êtres qui se rapprochent de nous sous le rapport de leur organisation sont loin d'avoir une existence aussi longue que la nôtre, « ce qui rend bien injustes, dit Haller, nos plaintes continuelles sur la brièveté de la vie. »

C'est de l'homme seulement que nous voulons nous occuper ici. Où en sont les recherches scientifiques sur la durée de sa vie ? Avant tout, il est bon d'écarter une cause de confusion dont ne se sont pas assez préoccupés les divers physiologistes. Les uns fixent le terme de la vie humaine à 70 ans, d'autres à 80 ou à 90, d'autres enfin au-delà de 100 ans. Cette divergence d'opinions nous parait tenir principalement à ce qu'on a presque toujours confondu la vie *ordinaire* avec la vie *naturelle* ou *normale*. Pour se former une idée exacte et complote de la durée, de la vie, il est nécessaire de l'envisager sous différents aspects. Elle peut présenter quatre modes particuliers dont il importe de tenir compte. Nous devons bien distinguer la *durée moyenne*, la *durée ordinaire*, la *durée naturelle* et la *durée anormale*.

La *vie moyenne* s'obtient en divisant la somme d'années qu'a vécues une grande quantité d'individus décédés à tout âge par le même nombre d'individus. Elle résume par conséquent les effets désastreux des maladies, des accidents et de toutes les causes susceptibles de déterminer la mort. Le chiffre qui l'exprime indique le nombre d'années que le nouveau-né a chance de vivre.

Nous entendons par *vie ordinaire* l'espace de temps que parcourent les individus échappés aux dangers de la jeunesse et de la virilité. Elle se termine à l'âge auquel parviennent habituellement ceux qui ne sont pas déjà morts avant le commencement de la vieillesse. C'est en quelque sorte la vie moyenne des vieillards.

La *vie naturelle* ou *normale* représente la durée que Dieu a accordée à l'espèce en la créant. Elle se termine par l'effet de la vieillesse seule, et les limites entre lesquelles ce terme est marqué traduisent la loi même de la durée de la vie ; mais comme ces limites seront atteintes par ceux-là seulement qui pourront entièrement se soustraire à l'influence continue des diverses causes troublantes, la loi ne s'accomplira qu'imparfaitement. Il pourra même arriver que ce qui est bien certainement la règle naturelle semblera par le fait ne plus être que l'exception.

Quant à la vie *extraordinaire* ou *anormale*, c'est une déviation de la loi, agissant en sens inverse de la déviation produite par les morts prématurées, mais qui ne compense pas celle-ci d'une manière notable. Elle indique la limite extrême et exceptionnelle, au-delà de laquelle il n'y a plus que l'impossible.

La durée de tout être vivant devrait être examinée sous ces quatre points de vue ; jusqu'à présent cette recherche n'est praticable d'une manière complète que pour l'homme et même pour l'Européen. C'est par la statistique seule que, nous pouvons arriver à connaître la *durée moyenne* de la vie humaine. Les résultats numériques nous fourniront la *durée ordinaire*, et les faits historiques la *durée anormale*. En s'aidant ensuite tour à tour de la statistique et de l'histoire, la physiologie nous dira quelle est la *durée normale*, la durée naturelle de la vie, dernier et principal objet du problème que nous venons de poser.

Section I

Voyons d'abord ce qu'enseigne la science des nombres concernant la durée moyenne et la durée ordinaire de noire existence. Les résultats numériques ont l'heureux privilège de frapper l'esprit et d'y porter la conviction. Nul argument ne vaut un chiffre, a-t-on dit souvent, et cela est vrai, à la condition que ce chiffre sera l'expression exacte des faits qu'il résume. Or il est permis de douter que cette condition ait toujours été remplie dans les travaux destinés à faire connaître les mouvements de la population. L'indifférence des gouvernements, l'étendue de la tâche et l'incurie de ceux qui en sont chargés, l'insuffisance des documents et la fluctuation produite dans les grandes villes par l'émigration constituent tout un concours de circonstances bien propres à fausser les résultats généraux. À côté des inexactitudes provenant de ces diverses causes, il faut placer encore les erreurs volontaires dictées par l'intérêt politique et par les intérêts locaux à tous les degrés. Les calculs effectués dans ces conditions ne sauraient donc avoir une rigueur mathématique, dans le sens qu'on attache ordinairement à ce mot. Cependant, comme beaucoup de tables de mortalité ont déjà été dressées, qu'elles embrassent un grand nombre de faits et d'années, et que vraisemblablement elles ne pèchent pas toutes dans la même direction, les conclusions qu'on en peut tirer ne doivent pas s'éloigner considérablement de la vérité, et elles nous offrent une certitude suffisante pour le but que nous nous proposons ici, pourvu qu'on ne voie pas dans nos chiffres autre chose que des approximations.

Ces réserves une fois faites, quelles sont les lois de la mortalité considérée au point de vue numérique ?

La vie est constamment en péril, mais elle, est plus ou moins exposée aux diverses époques de sa durée. C'est surtout pendant les premiers âges que la mortalité est considérable. La France, un sixième des enfants meurt dans la première année, un cinquième pendant la seconde, et un quart avant la quatrième. Un tiers a déjà succombé à l'âge de 14 ans ; il en reste la moitié. À 42, le quart à 69, le cinquième à 72, et le sixième à 75. Ainsi, sur 100 naissances, il n'y aurait plus que 80 survivants au bout de deux ans, et environ 68 au bout de quatorze. Avant la révolution, Duvillard ne portait qu'à 50 le nombre des jeunes gens qui, sur la même quantité de naissances, atteignaient leur vingtième année ; mais M. Bienaymé, ayant soumis à un examen sévère les listes de recrutement dressées par toute la France de 1823 à 1831, a montré que le rapport des conscrits aux naissances correspondantes est au moins de 60 sur 100, résultat complètement conforme d'ailleurs à celui qu'avait obtenu J. Milne pour la ville de Carlisle, et qui depuis a été retrouvé pour Paris. D'après Demonferrand, il n'y aurait plus sur cent naissances que sept survivants à 80 ans, deux seulement à 85, et un à 89, Si faibles que puissent paraître ces chiffres, ils n'indiquant probablement pas une mortalité trop rapide, car au lieu de 640 nonagénaires que compte le même auteur sur un million de naissances, M. Mathieu n'en admet plus que 491, parmi lesquels neuf seulement sont âgés de 97 ans, et quatre ont atteint leur quatre-vingt-dix-neuvième année ². Quant aux centenaires, il y en aurait deux pour dix mille habitants, selon Duvillard, et un seul d'après Demonferrand (Milne en compte neuf à Carlisle). Dans les tables récentes, on a cru pouvoir sans inconvénient n'en tenir aucun compte. C'est à peine si dans Paris il en meurt un chaque année.

M. Benoiston de Châteauneuf a calculé le cours de la vie pour une période de quatorze année, d'après quinze millions d'individus décédés à tout âge dans cette partie du continent européen qui s'étend des bords de la Méditerranée à ceux de la Mer-Glaciale : il a vu qu'un peu plus de 14 individus sur 100 sont parvenus à 30 ans. Dans l'intervalle qui sépare cet âge de 60 ans, la perte a été d'un peu moins de la moitié ; à 70 ans, les survivants de 30 ans se sont trouvés réduits au tiers, et à 80 au dixième ; à 90, il n'en existait plus qu'un soixante-treizième.

Le peu que nous venons de dire montre déjà combien est grande la différence entre le nombre des naissances et celui des nonagénaires, des octogénaires et même des septuagénaires. Cette inégalité est rendue plus frappante encore peut-être par le chiffre même qui exprime la durée moyenne de la vie. En additionnant ensemble les années qu'ont vécues sur les divers points de notre pays un grand nombre de personnes mortes à tout âge, depuis l'enfant qui n'a respiré qu'un jour jusqu'au vieillard qui s'est éteint dans la décrépitude, et en répartissant également sur chacune d'elles la somme ainsi obtenue, on arrive approximativement à 39 ans et 8 mois. Ainsi la vie moyenne en France est actuellement très peu au-dessous de deux cinquièmes de siècle, et ce chiffre, tout faible qu'il est, est notablement supérieur à tous ceux qu'on avait obtenus jusqu'ici. Il y a vingt ans, M. Bienaymé n'était pas très loin de ce résultat, lorsqu'il portait la vie moyenne au-delà de 36 ans ; mais à mesure que nous remontons davantage vers le commencement du siècle, nous trouvons cette durée de plus en plus courte. Demonferrand ne la fixe qu'à 33 ans et 8 mois, et elle était seulement, en 1817, de 31 ans et 3 mois. D'après Duvillard, elle descendait à 28 ans et 9 mois avant 1789. Les recherches de M. Villermé tendent à prouver que, dans la ville de Paris, elle a été de 32 ans au XVIIIe siècle, de 26 au XVIIe, et de 17 seulement au

XIVe [3].

Si ces évaluations sont justes, il en ressort manifestement que la mortalité est aujourd'hui beaucoup plus lente qu'elle ne l'était dans les siècles précédents, ce qui tient sans doute à la disparition de la petite vérole d'une part, et de l'autre à l'amélioration matérielle des classes pauvres. Cette marche croissante de la durée moyenne de la vie, si elle continue encore d'une manière sensible, pendant un certain temps, devra ensuite se ralentir de plus en plus, jusqu'à ce qu'elle parvienne à un niveau qu'elle ne dépassera pas, et qu'il sentit téméraire de fixer quant à présent. On peut accorder sous ce rapport une grande latitude aux promesses de l'avenir. Tenons-nous cependant en-deçà des hypothèses de Condorcet. « Cette durée moyenne de la vie, dit-il, doit augmenter sans cesse à mesure que nous enfonçons dans l'avenir, et elle peut recevoir des accroissements suivant une loi telle qu'elle approche continuellement d'une étendue illimitée, sans pouvoir l'atteindre jamais. » On le voit, l'auteur de l'*Esquisse des progrès de l'esprit humain* se place sur une pente où il serait dangereux de le suivre.

Rien ne prouve que cette progression de la vie moyenne, qui a été ascendante depuis cinq ou six siècles, l'ait été également depuis les temps les plus reculés. Il est vraisemblable au contraire qu'elle a subi de nombreuses oscillations, et que même pendant certaines périodes tout entières elle a offert un mouvement inverse. Malheureusement nous manquons de faits qui puissent donner suffisamment de poids à cette présomption. L'antiquité nous refuse là-dessus les renseignements nécessaires. Tout ce que nous savons, c'est que sous Alexandre Sévère, vers le commencement du IIIe siècle, Ulpien a calculé la vie moyenne dis Romains d'après les dénombrements faits depuis Servais Tullius jusqu'à Justinien, c'est-à-dire pendant une période de mille ans, et qu'il l'a fixée à 30 années environ. Si l'on accordait une égale valeur à ce résultat et à ceux que M. Villermé a donnés pour les temps modernes, on arriverait à cette conséquence, que sous le rapport de la mortalité la période romaine était infiniment moins différente de l'époque actuelle que celle-ci ne l'est du XIVe siècle, et que la vie allait en décroissant pendant le moyen âge.

Quand nous espérons que la durée moyenne de la vie augmentera encore, nous avons principalement en vue les progrès de toute sorte qui chaque jour se multiplient davantage et étendent sur nous leur heureuse influence. Sans cette raison suprême, qui oserait affirmer que le mouvement actuel, dont le point de départ est la renaissance, ne puisse changer de direction et ramener la vie moyenne soit à 3à, soit à 25, soit même à 17 ans, s'il est vrai qu'elle ait jamais été aussi courte ? De la tendance passée on n'est pas en droit de conclure la marche future, à moins que les causes de cette tendance ne restent les mêmes et n'agissent constamment dans le même sens.

La vie moyenne, eu donnant à ce mot sa signification la plus habituelle, exprime le nombre d'années que l'enfant qui vient de naître a chance de vivre ; mais cette chance n'a pas été établie seulement pour le nouveau-né : on a calculé la vie moyenne de chaque âge, et on l'a naturellement trouvée très différente suivant les âges, en raison de l'inégalité des dangers que nous courons aux diverses époques de notre existence et du nombre des années déjà écoulées. La vie moyenne, avons-nous dit, est en France de 39 ans et 8 mois au moment de la naissance ; mais elle augmente d'abord rapidement jusqu'à l'âge de 4 ans, où elle atteint son maximum, qui est de 49 ans et 4 mois, puis ensuite elle va en diminuant sans cesse. D'après Deparcieux, elle est à 20 ans de 40 ans et 3 mois, à 30 ans de 34 ans et 1 mois, à 40 de 27 ans et 6 mois, à 50 de 20 ans et 5 mois, à 60 de 14 ans et 3 mois ; enfin une personne de 70 ans a droit d'espérer de vivre encore 8 ans et 8 mois ; une de 80 ans, 4 ans et 8 mois, et enfin une de 90, un an et 9 mois seulement. Ces chiffres montrent qu'à mesure qu'une personne avance en âge la chance de vivre s'accroît pour elle de 3 ou 4 ans par période de dix années jusqu'à 70 ans, et de 6 ou 7 ans pour les deux dernières périodes.

Les anciens croyaient qu'en dehors de l'enfance la vie court plus de risques dans certaines années que pendant les autres, et celle idée se rattachait chez eux à l'influence qu'ils attribuaient aux nombres. Ils appelaient critiques ou climatériques les années combinées par échelles régulières de nombres : celles qui revenaient de 7 en 7, celles surtout qui étaient le produit du nombre 7 par un nombre impair, étaient à leurs yeux les plus dangereuses. Comme on le pense bien, la statistique n'a pas continué ces spéculations. Un physiologiste moderne, Burdach, a cherché de son côté à démontrer une alternance régulière dans le degré de salubrité des années. D'après lui, la mortalité serait plus grande pendant les années impaires que dans les années paires. À l'appui de cette opinion, il a dressé une table qui s'étend de la seconde année de la vie à la cent neuvième, et qui présente des oscillations très sensibles d'année en année ; mais il n'indique pas à quelle source il a puisé ses chiffres. C'est évidemment là le développement d'une idée théorique du même ordre que les vues des anciens sur les années climatériques.

Les conditions de la vie variant considérablement sur les différents points de la surface de la terre, on doit s'attendre à voir les lois de la mortalité, se modifier suivant les pays. C'est en effet ce qui a lieu. M. Christophe Bernouilli a réuni, il y a quinze ans, les vies moyennes de plusieurs des peuples de l'Europe, et a trouvé entre elles des différences notables. D'après ce mathématicien, c'est l'Angleterre qui aurait la suprématie sur les autres nations : la vie moyenne y dépassait 38 ans. Ensuite vient la France, à laquelle il accordait 36 ans et demi de vie moyenne, puis le Hanovre (35 ans et 4 mois), puis le Slesvig-Holstein (34 ans et 7 mois) et la Hollande (34 ans). À un degré inférieur se placent le duché de Bade (32 ans et 9 mois), le royaume de Naples (31 ans et 7 mois), la Prusse (30 ans et 3 mois) ; enfin le Wurtemberg (30 ans) et la Saxe (29 ans) occupent le dernier rang.

Si l'on compare les tables de mortalité dressées dans différents pays depuis le commencement du XIXe siècle, on remarquera aussi des inégalités assez frappantes à tous les âges, mais principalement de 60 à 90 ans [4]. M. Benoiston de Chateauneuf a constaté que le nombre des individus de trente ans qui parviennent à soixante est plus considérable en Angleterre, en France, en Belgique, en Danemark et en Irlande que dans la Savoie et surtout dans le Piémont, la province de Gênes, la Suède et la Prusse. Si l'on étend cette comparaison aux âges plus avancés, les résultats restent les mêmes. Lorsqu'au lieu de l'âge de trente ans on prend pour point de départ l'époque de la naissance, il n'y a de changement qu'en faveur de la Suède, qui passe alors dans la première catégorie.

On manque de renseignements précis sur les autres états de l'Europe, et à plus forte raison sur les peuples de l'Asie, de l'Afrique et du Nouveau-Monde. On ne peut donc rien conclure de positif d'après des données aussi incomplètes quant à l'influence que le climat exerce sur la durée de la vie. Les pays tempérés ou même froids paraissent cependant être généralement plus favorables à la longévité que les contrées chaudes et surtout équatoriales. Telle est du moins l'opinion la plus répandue aujourd'hui. Aristote pensait le contraire, et naturellement Strabon et Pline ont répété ce qu'avait dit Aristote. Les Égyptiens avaient aux yeux des anciens le privilège des longues vies. Un naturaliste du XVIe siècle, Prosper Alpini, a confirmé jusqu'à un certain point l'assertion d'Aristote, en constatant la grande vigueur dont jouissent les Égyptiens dans un âge avancé, et le savant voyageur auquel nous devons la découverte des ruines de Ninive, M. P.-E. Botta, assure que de l'autre côté de la Mer-Rouge, dans cette portion de l'Arabie qu'on appelle Heureuse, les exemples de longévité ne sont pas rares ; mais ces auteurs n'ont pas donné de chiffres, et nous ignorons ce qu'ils entendent par les mots de longue vie et d'âge avancé. En tout cas, il y a loin de pareils faits à une règle générale établissant, sous le rapport de la durée de la vie, la supériorité des régions chaudes sur les régions froides.

D'autres causes ont sans doute plus de part que l'influence climatérique à l'inégalité de la durée de la vie suivant les diverses contrées, puisque nous voyons des populations très voisines et douées d'un climat presque identique présenter cependant de notables différences dans la mortalité. Cela tient alors au degré de salubrité des campagnes, à l'entassement dans les villes d'un nombre plus ou moins grand d'habitants, au bien-être relatif de la classe ouvrière, aux habitudes de travail ou de mauvaise conduite, au degré d'instruction, aux soins donnés à la première enfonce, etc. C'est vraisemblablement aussi au concours simultané de ces causes qu'il faut attribuer les différences tout aussi grandes que présente la mortalité sur les divers points d'un même pays. Ainsi les tables dressées par M. Quetelet pour les provinces de Belgique, d'après les décès de 1841 à 1845, montrent que sur 1,000 naissances il y a à soixante ans 325 survivants dans la province de Namur et 242 seulement dans la Flandre occidentale ; à quatre-vingts ans, 103 dans la première et 51 dans la seconde. La même supériorité persiste en faveur de la même division territoriale pour les âges plus avancés : à quatre-vingt-cinq ans, on trouve pour ces deux provinces les chiffres 46 et 21, et à quatre-vingt-dix ans 15 et 5.

Les départements de la France présentent entre eux des inégalités aussi marquées. D'après Demonferrand, dans le Calvados et le Lot-et-Garonne, la vie moyenne est de 44 ans et 7 mois, et seulement de 28 ans et 2 mois dans le Finistère, de 28 ans et 1 mois dans les Pyrénées-Orientales. Ce statisticien divise les départements en trois classes : la première, où les chances de la vie sont plus favorables que dans la France entière, comprend 28 départements [5] ; dans la seconde, où les chances de la vie diffèrent peu des moyennes de lu France entière, on compte 33 départements [6] ; la troisième classe, où les chances de la vie sont moins favorables que dans la France entière, se compose de 25 départements [7].

Jusqu'ici nous avons envisagé la population dans son ensemble, sans distinction de sexe. Or la durée de la vie des femmes n'est pas la même que celle des hommes, et la différence est constamment à l'avantage des premières. Buffon a bien reconnu cette inégalité ; il a vu qu'à Paris un nombre donné de femmes vit plus longtemps que le même nombre d'hommes. Cette différence parait avoir été constatée pour la première fois par Kerseboom en Hollande dès 1738. Deparcieux l'a retrouvée en France, en 1760, Wargentin en Suède quelques années plus tard, et les statisticiens qui sont venus depuis ont été unanimes à cet égard. Cette loi a été confirmée à Genève, en Angleterre, en Belgique, à Berlin, ailleurs encore. M. Benoiston de Chateauneuf montre, qu'elle s'étend à tous les âges. Sur 100 individus de chaque sexe, il compte de la naissance à dix ans 53 garçons et 58 petites filles, à vingt ans 48 hommes et 52 femmes, à cinquante ans 30 hommes et 33 femmes, à soixante ans 28 hommes et 23 femmes, à soixante-dix ans 13 hommes et 15 femmes, à quatre-vingts ans 4 hommes et 5 femmes. Enfin sur dix mille naissances masculines un seul individu parvient à cent ans, tandis qu'il y a deux femmes centenaires pour le même nombre de naissances [8]. Deparcieux a remarqué le premier que la période communément regardée comme critique pour les femmes, c'est-à-dire celle qui s'étend de quarante-cinq à cinquante-cinq ans, est même moins meurtrière pour elles que pour les hommes. Plusieurs ailleurs ont confirmé cette observation ; on voit pourtant que la différence entre le nombre des hommes et celui des femmes est très petite à soixante ans.

La précédente règle parait s'appliquer à l'Europe et probablement au monde entier. Partout le sexe le plus faible est aussi le plus vivace ; mais les hommes paraissent plus susceptibles d'atteindre aux âges extraordinaires, et l'on a cité peu d'exemples de femmes ayant approché d'un siècle et demi.

Un très utile enseignement ressort pour nous des faits que nous venons de réunir. L'ensemble de ces nombres exprime bien l'effet des causes troublantes qui tendent sans cesse à interrompre le cours de la vie, et l'empêchent presque toujours d'atteindre le terme assigné par la nature. La vie moyenne mesure exactement la déviation que subit la loi de notre durée : déviation énorme ! car elle est rendue par un nombre d'années à peine égal à celui que nécessite notre entier accroissement en hauteur et en grosseur. Cette durée, moyenne est de près de quarante ans en France, avons-nous dit, peut-être, un peu supérieure en Angleterre, mais à coup sûr notablement moindre dans d'autres pays. Nous ne pouvons pas déterminer avec précision le chiffre qui l'exprimerait pour l'ensemble de l'Europe, mais il tomberait probablement aujourd'hui entre 36 et 40, les nombres qu'a rassemblés il y a quinze ans M. Bernouilli devant nécessairement être tous un peu augmentés.

La statistique nous fait ainsi connaître toute l'étendue des dangers auxquels notre existence est exposée aux différents âges. Les chiffres étaient seuls capables de rendre ce résultat facilement appréciable. C'est en cela surtout que les tables de mortalité sont importantes ; mais nous devons en tirer aussi une autre conclusion. Elles nous montrent encore quelle est la durée de la vie chez les personnes qui ont échappé à la mort jusqu'au commencement de la vieillesse. À partir de soixante ans, on vit moyennement jusqu'à soixante-quinze, et à cette époque correspond une mortalité assez considérable. Il est donc naturel de fixer vers soixante-quinze ans le terme de la vie ordinaire, c'est-à-dire de la vie moyenne des personnes qui vieillissent. Cette considération ne doit pas cependant faire admettre avec Burdach que c'est là la limite de la vie, car, ainsi que nous le disions en commençant ; on confondrait alors la vie ordinaire avec la vie normale. La première montre la durée telle qu'elle est, l'autre comme elle doit être. Ce qui est commun et habituel n'est pas pour cela naturel et régulier. La mort arrive le plus souvent avant soixante-quinze ans, on ne meurt pas à cet âge par l'effet seul de la vieillesse. Il y a là une distinction nette qu'il importe de bien établir.

Section II

À côté des résultats qu'a obtenus la statistique, il convient de placer les exemples de longue vie relatés par l'histoire. Le soin même avec lequel on les a conservés prouve ce qu'il y a d'anormal dans certains faits de longévité. Il est évident que si les macrobies n'eussent pas toujours été fort rares, on n'eût pas pris la peine d'en tenir note. On arriverait pourtant à un chiffre élevé, si l'on faisait la somme de tous les centenaires dont les annales des différents peuples ont gardé le souvenir. On doit aisément le comprendre, pour peu que l'on songe qu'il y a au moins un centenaire sur dix mille naissances. Les vies qui dépassent un siècle sont exceptionnelles relativement à celles qui se terminent plus tôt, mais le nombre absolu en est encore considérable.

À la vérité, il est bien difficile d'accepter avec la même confiance tous les faits de longévité recueillis depuis l'antiquité jusqu'à nos jours. Les plus crédules rejetteraient certains d'entre eux, et Pline lui-même, auquel on n'a jamais reproché une critique trop sévère, est obligé de traiter de fables les assertions qui portent à 300 et au-delà le nombre d'années qu'auraient vécues plusieurs rois d'Arcadie. Le naturaliste latin reproche surtout à Xénophon l'exagération qu'il a commise dans son *Périple* en accordant 600 ans de vie à un roi des Tyriens et 800 au fils du même prince. Il remarque avec beaucoup de justesse que ces mécomptes tiennent en grande partie aux diverses manières de mesurer le temps, que certains peuples comptaient l'été pour une année et l'hiver pour une autre, que quelques-uns, comme les Arcadiens, bornaient l'année à l'une des quatre saisons, et que d'autres même la terminaient à chaque fin de lunaison. Cette considération pourrait expliquer aussi la longévité en apparence excessive des premiers habitants de la terre. Plusieurs commentateurs de la Bible ont cherché à établir que l'année n'avait que 3 mois avant Abraham, après lui 8, et que c'est seulement depuis Joseph qu'elle en a eu 12. Avec cette manière d'envisager les choses, les 930 années qu'aurait vécues notre premier père Adam seraient réduites à 232, les 950 années de Noé à 237, et la vie de Mathusalem, au lieu de 969 ans, ne serait plus que de 212, ce qui est encore fort extraordinaire. Peut-être y aurait-il quelques objections à faire à cette manière de traduire la Genèse ; mais nous préférons cette explication au système de Buffon, pour qui le corps de l'homme devait croître plus lentement avant le déluge, parce que la terre était moins solide qu'elle ne l'est aujourd'hui, et que la gravité n'agissait que depuis peu de temps.

Quoi qu'il en soit, après Abraham l'Écriture ne cite plus d'exemples de longévité à beaucoup près aussi anormaux. Les plus remarquables sont : Abraham, mort à 175 ans, Isaac à 180, Jacob à 145, Ismaël à 137, Sara à 127, Moïse à 120, Joseph et Josué à 110. À mesure qu'on avance dans l'histoire sainte, les longues vies deviennent beaucoup plus rares, et ne sont plus que de 100 ans pour Elisée, de 90 pour le prophète Elie. Par exception, on lit dans le livre Ier des *Machabées* que le roi Antiochus Épiphane mourut âgé de 149 ans.

Plusieurs des hommes illustres de l'ancienne Grèce sont parvenus à un grand âge. Epiménide de Crète vécut, dit-on, 153 ans, le sophiste Gorgias de Leontium 107, Démocrite 109, le musicien Xénophile 108, Isocrate et le stoïcien Zenon près de 100. Xénophon le panthéiste et Apollonius de Tyane fournirent également un siècle de vie. Pline et Lucien rapportent beaucoup de cas de longévité parmi les princes, les guerriers, les sénateurs romains, les orateurs, les poètes et les philosophes. Quelques-uns méritent d'être rappelés. Il est bien entendu que nous les choisissons parmi ceux que Pline appelle des faits généralement avoués et reconnus, *confessa*.

Arganthonius de Cadix, et c'est Cicéron qui le dit, monta sur le trône dans sa quarantième année et régna 80 ans. Perpenna atteignit 98 ans, ne laissant vivants au moment de sa mort que sept des sénateurs qu'il avait inscrits pendant qu'il était censeur. Il y eut un intervalle de 46 ans entre le premier et le sixième consulat de Valérius Corvinus, qui mourut centenaire ; il obtint vingt et une fois la chaise curule, ce qui n'est arrivé à aucun autre. Lors du dénombrement opéré sous l'empereur Claude, un certain Fullonius de Bologne se fit inscrire comme ayant 150 ans, et il établit la vérité de cette assertion par la confrontation des registres et d'autres preuves qu'il donna de son existence. Selon la chronique d'Apollodore, Ctésibius mourut, en se promenant, à l'âge de 124 ans. Le plus savant des Romains, Térentius Varron, a fourni une longue carrière : « quoiqu'il eut vécu cent ans, dit Valère Maxime, ses années ne dépassèrent pas le nombre de ses écrits. » Lucien accorde aussi un siècle d'existence à Cléanthe d'Asson, disciple de Zenon, à un historien nommé Hiéronyme, et à Demonax de Chypre, philosophe cynique. On cite également dans les temps antiques plusieurs exemples de femmes centenaires. Térentia, femme de Cicéron, vécut 103 ans, et Clodia, femme d'Ofllius, 115, après avoir été quinze fois mère. La mime Lucceia remplit un rôle à l'Age de 100 ans, et aux jeux célébrés pour le rétablissement de la santé d'Auguste, une autre actrice, Galeria Copiola, reparut sur le théâtre, sous le consulat de Poppeius et de Sulpicius, dans sa cent quatrième année, quatre-vingt-onze ans après son premier début, qui eut lieu sous le consulat de Marius et de Carbon. Pline rapporte encore que dans le dénombrement fait sous la censure de l'empereur Vespasien et de son fils, il se trouva à Parme trois citoyens qui déclarèrent 120 ans, et deux 130. Il y en eut auprès de Plaisance un de 150, un de 131, quatre de 120, et six de 110. La huitième région de l'Italie ou la Gaule cispadane donna dans ce recensement cinquante-quatre personnes de 100 ans, quatorze de 110, deux de 125, quatre de 130, quatre de 135 ou de 137, et trois de 140.

Divers cas de longévité ont été aussi remarqués pendant le moyen âge et la renaissance. Nous trouvons deux ermites centenaires, saint Antoine, qui vécut 105 ans, et saint Paul, qui en vécut 113. Moreri assure que le *docteur universel*, Alain de l'Isle, dépassa également un siècle. Un des plus grands artistes de l'Italie, Titien, mourut à 99 ans. Le bisaïeul de Pétrarque est mort, suivant Bacon, à 101 ans, et l'auteur des *Discours sur la sobriété*, Louis Cornaro, dont le régime était d'une sévérité presque ridicule, est parvenu à peu près au même âge. François Bacon et le célèbre physiologiste Haller ont rassemblé l'un après l'autre un grand nombre d'exemples de longues vies [9]. Haller en compte plus de mille de 100 à 110 ans, soixante de 110 à 120, vingt-neuf de 120 à 130, quinze de 130 à 140, six de 140 à 150, et il remarque qu'au-delà d'un siècle et demi on commence à entrer dans le domaine de la fable : *incipimus in mythica tempora incidere*. Bacon raconte que dans le comté d'Hereford il y avait aux jeux floraux un quadrille de huit vieillards dont les âges pris ensemble formaient 800 ans, ce que les uns avaient de trop pour faire cent ans suppléant à ce qui manquait aux autres. Dans une *Galerie des Centenaires*, qui n'est pas, il est vrai, exemple d'inexactitudes, M. Charles Lejoncourt fait la biographie de 120 personnes ayant dépassé 120 ans. Parmi les vies d'une longueur tout à fait anormale, les plus célèbres sont celles de George Wunder (136 ans), Jonathan Effingham (144), Christian Draackenberg (146), Thomas Winslow (146), Francis Consist (150), Thomas Parre (152), Joseph Surrington (160), Sara Dessen (164), Henry Jenkins (169), Jean Rowin (172), Pierre Czartan (185), et l'évêque Kentigern (185). Ces douze existences réunies formeraient à elles seules un nombre d'années supérieur à celui qui s'est écoulé depuis le commencement de l'ère chrétienne.

Sans aucun doute, l'âge de la plupart de ces macrobes a été quelque peu exagéré ; mais pour quelques-uns d'entre eux nous avons des témoignages positifs, et l'on ne doit pas craindre d'admettre que la vie de certains hommes a pu exceptionnellement se prolonger jusque vers un siècle et demi. Le mieux étudié de ces faits a eu pour témoin William Harvey, l'illustre auteur de la découverte de la circulation du sang. Thomas Parre était un pauvre paysan de la paroisse d'Alberbury dans le comté de Shrop. Il naquit en 1483 et mourut en 1635, âgé de 152 ans et quelques mois, ayant vu dix souverains se succéder sur le trône d'Angleterre. D'après le désir que le roi Charles Ier témoigna de le voir, il vint à la cour, mangea plus que de coutume et mourut d'indigestion, Harvey en fit l'autopsie : tous ses viscères étaient parfaitement sains, et ses cartilages sternaux n'étaient pas ossifiés. Sans l'excès auquel il se livra, il eut probablement vécu plusieurs années encore. Il n'était donc pas mort de vieillesse : il était mort d'accident, comme le remarque spirituellement M. Flourens.

L'Angleterre a fourni un autre exemple de longévité plus extraordinaire encore que celui-là. Henri Jenkins, né à Bolton, dans le comté d'York, vers 1501 et mort en 1670, assista à l'âge de douze ans à la bataille de Flodden, et parut en justice 130 ans plus tard. Sa dernière occupation était la pêche, et on assure qu'à cent ans il pouvait encore nager. Le Hongrois Jean Rowin ou Rowir mourut en 1750, âgé, dit-on, de 172 ans. Sa femme, Sara Dessen, serait morte un peu plus tôt à l'âge de 164 ans, et son fils aîné aurait atteint sa cent quinzième année, ce qui a permis de faire un rapprochement entre cette famille et celle d'Abraham. On rapporte qu'en Norvège Joseph Surrington mourut en 1797 à l'âge de 160 ans, et comme si ces 160 ans n'étaient pas déjà une assez grande merveille, on ajoute qu'il laissait un fils aîné de 103 ans et un autre de 9 seulement, qu'il aurait eu par conséquent à l'âge d'un siècle et demi !

La France a nourri de nombreux centenaires. Le premier nom qui s'offre à l'esprit est celui de Fontanelle, le savant et spirituel historiographe de l'Académie des Sciences [10]. Un comte de Vignacourt, ambassadeur de France à Vienne, mourut, dit-on, en 1700, dans l'exercice de ses fonctions, à l'âge de 103 ans. En 1810, un médecin nommé Dufournel fut présenté à Napoléon à l'âge de 112 ans accomplis ; il s'était cassé la jambe à 101 ans, et en vécut 120. Le célèbre peintre de marines, Joseph Vernet, a figuré dans un de ses tableaux représentant le port de Marseille un vieillard, surnommé Annibal, qui mourut eu 1759 dans sa cent vingt-deuxième année. Le 23 octobre 1789, un habitant du mont Jura, âgé de 120 ans, fut introduit devant l'assemblée nationale, qu'il remercia au nom de ses compatriotes « d'avoir, disent les journaux du temps, dégagé sa patrie des liens de la servitude. » En 1842, M. Lejoncourt a dédié sa *Galerie des Centenaires* à M. Noël de Quersonnières, ancien commissaire-général des armées, alors âgé de 114 ans, et le même auteur a donné le portrait d'une femme de même âge, nommée Elizabeth Durieux.

Nous n'avons pas besoin de multiplier davantage ces exemples. La preuve nous semble acquise que l'homme peut quelquefois parvenir à un siècle et demi d'existence. Un siècle et demi serait donc à peu près la durée de la vie extrême. Dans son curieux ouvrage sur *la Longévité humaine*, M. Flourens pense même que cette durée est susceptible de sa prolonger jusqu'à deux siècles. Une autre conséquence paraît ressortir des faits de longévité constatés dans différents pays : c'est que le nombre des personnes qui atteignent cent ans est assez considérable pour que la tenue de la vie naturelle ne soit pas beaucoup au-dessous de cet âge. Les considérations physiologiques dans lesquelles nous devons entrer maintenant nous conduisent à la même conclusion.

Section III

Aristote a entrevu le premier chez les animaux un rapport direct entre la durée de l'accroissement, de la gestation, et la durée totale de la vie. Sur ce point comme sur beaucoup d'autres, les naturalistes modernes ont confirmé, au moins en partie, les vues du prince des philosophes. De ce simple aperçu, Buffon a tiré une théorie à l'appui de laquelle il cite plusieurs faits. Il distingue avec raison l'accroissement en grosseur de l'accroissement en hauteur, celui-ci précédant toujours celui-là, qui ne s'achève guère qu'une fois plus tard. La durée de ces deux accroissements doit être comprise un certain nombre de fois dans la durée de la vie. Or Buffon dit d'une part : « l'homme, qui est trente ans à croître, vit quatre-vingt-dix ou cent ans ; le chien, qui ne croit que pendant deux ou trois ans, ne vit aussi que dix ou douze ans. » Et il écrit ailleurs : « L'homme, qui est quatorze ans à croître, peut vivre six ou sept fois autant de temps, c'est-à-dire vingt-cinq ou trente ans. Comme le cerf est cinq ou six ans à croître, il vit aussi sept fois cinq ou six ans, c'est-à-dire trente-cinq ou quarante ans. » Dans le premier cas, il s'agit évidemment de l'accroissement en grosseur, et en dernier lieu de l'accroissement en hauteur ; mais Buffon ne s'explique pas là-dessus, et il fixe arbitrairement et beaucoup trop tôt le terme de l'un et de l'autre : c'est qu'il n'a pas su reconnaître et marquer ce terme au moyen d'un caractère précis commun aux diverses espèces. Tant que ce caractère a fait défaut, il était impossible d'établir avec quelque certitude le temps de l'accroissement et la proportion de ce temps à la durée de la vie.

Un éminent physiologiste a cherché ce signe du terme de l'accroissement, qui avait manqué jusqu'alors, et il l'a trouvé dans la réunion des os à leurs épiphyses [11]. « Tant que les os ne sont pas réunis à leurs épiphyses, dit M. Flourens, l'animal croit ; dès que les os sont réunis à leurs épiphyses, l'animal cesse de croître. » Voilà donc un caractère net faisant connaître d'une manière positive que l'accroissement en hauteur est achevé. M. Flourens s'est assuré que ce signe est constant, et que dans une même espèce il apparaît à une époque fixe. Dès lors il devenait facile de trouver le rapport entre le terme de l'accroissement déterminé par ce signe et le terme de la vie accusé par les faits. La réunion des os à leurs épiphyses s'opère à huit ans dans le chameau, et le chameau vit quarante ans ; elle se fait à cinq ans dans le cheval, qui en vit vingt-cinq, à quatre dans le bœuf et dans le lion, qui en vivent de quinze à vingt, à deux dans le chien, qui en vit de dix à douze ; dans le chat, elle a lieu à dix-huit mois, et la vie du chat n'est que de neuf à dix ans. Le rapport cherché serait donc, pour tous ces animaux, 5 ou à peu de chose près, et non pas 3, ni 6 ou 7, comme Buffon l'a supposé successivement.

Chez l'homme, c'est vers l'âge de vingt ans que les os se réunissent à leurs épiphyses ; la durée normale de la vie humaine devrait donc être de cent ans, et ce chiffre coïncide bien en effet avec ce que nous apprennent l'histoire et même la statistique. D'après ce principe, il suffirait de quintupler le temps de l'accroissement d'un animal donné pour obtenir la durée de vie de cet animal. Par exemple, on ignore la durée de vie de l'éléphant ; mais tout récemment un éléphant femelle est mort à l'âge de quarante ans environ, à la ménagerie du Jardin des Plantes. Ses épiphyses n'étaient pas encore soudées On devrait en conclure que la vie naturelle de ce géant de la création est au moins de deux cents ans, et telle est justement l'opinion d'Aristote, de Buffon et de Cuvier. « Une seule observation exacte sur l'époque où se fait la réunion des os et des épiphyses dans l'éléphant, dans le rhinocéros, dans l'hippopotame, etc., nous donnerait tout de suite et nous donnerait à coup sûr, dit M. Flourens, la durée de vie de toutes ces grandes espèces. »

Pour que cette assertion fût absolument vraie, une condition serait nécessaire : c'est que le rapport de l'accroissement à la vie totale, que nous voyons exprimé par le chiffre 5 pour le chameau, le bœuf, le cheval, le lion, le chien et le chat, restât invariablement le même pour les autres animaux. Le nombre des faits bien constatés ne permet pas encore de décider si ce rapport est ou n'est pas très général ; mais d'après quelques exemples connus, et grâce surtout aux analogies que nous fournit l'étude des tendances de la nature, nous penchons à croire que la relation entre la durée de l'accroissement et la durée de la vie varie dans les divers groupes naturels.

L'immense majorité des êtres animés n'est pas assujettie à la règle si nettement formulée par M. Flourens ; cette règle, M. Flourens l'a d'ailleurs restreinte à la classe des mammifères, qui comprend, comme l'on sait, les espèces les mieux organisées, telles que le tigre, l'éléphant, le mouton, le rat, la chauve-souris, le, singe, et dont l'homme lui-même fait partie. Chez ces divers animaux et ceux qui leur ressemblent, la vie se continue longtemps après que l'accroissement est terminé ; mais il n'en est pas de même pour tous ceux dont l'organisation est moins parfaite. Chez les insectes par exemple, l'espace de temps compris entre l'éclosion de l'œuf et la dernière métamorphose est infiniment supérieur au reste de la vie, et cet espace correspond à certains égards à la durée de l'accroissement chez les mammifères [12]. Une fois parvenus à l'état parfait, les insectes ne vivent souvent que quelques jours ou même quelques heures après avoir passé plusieurs années à se développer. Chez la plupart des animaux sans vertèbres, la vie se prolonge très peu après que la croissance est terminée, et ce caractère se retrouve aussi chez les vertébrés inférieurs ; on sait que beaucoup de poissons grandissent et grossissent toujours, si ce n'est peut-être dans l'extrême vieillesse.

Nous voyons ainsi que plus une classe d'animaux est élevée en organisation, plus la durée totale des espèces qui la composent s'allonge relativement à la durée de leur croissance. M. Milne Edwards a montré dans son enseignement au Muséum et à la Faculté des sciences que c'est là une tendance de la nature qui peut souffrir quelques exceptions, mais qui pourtant domine l'ensemble du règne animal. Eh bien ! cette tendance parait ne pas se borner aux classes, mais s'étendre encore aux subdivisions des classes. Nous avons dit que la proportion entre l'accroissement et la vie normale est exprimée par 5 pour le lion, le chien et le chat, qui appartiennent à l'ordre des carnivores, pour le cheval, qui est le type de l'ordre des solipèdes, pour le bœuf et le chameau, qui représentent deux familles de l'ordre des ruminants ; mais deux espèces de rongeurs, le lapin et le cochon d'Inde, nous montrent un rapport notablement différent de celui-là. M. Flourens a vu les épiphyses se souder dans le lapin à un an et dans le cochon d'Inde à sept mois. Si la règle précédente s'appliquait à ces deux animaux, la vie normale serait de 5 ans pour le premier et d'un peu plus de 3 pour le second. On sait pourtant, et M. Flourens le dit, que le lapin vit 8 ans, et le cochon d'Inde de 6 à 7. Le rapport tel n'est donc plus 5 ; pour le lapin, nous trouvons 8, et presque 10 pour le cochon d'Inde, en sorte que s'il était permis de tirer une conséquence d'un aussi petit nombre d'observations, il faudrait, pour obtenir la durée de vie d'un mammifère, connaissant seulement l'époque à laquelle ses épiphyses se soudent aux os, multiplier le temps de son accroissement par le nombre 5, quand il s'agirait d'un solipède, d'un ruminant ou d'un carnivore, et par les nombres 8 ou 10, quand on aurait affaire à un rongeur. Or, dans la classification naturelle que M. Milne Edwards a basée sur l'étude des caractères génériques, les ruminants et les solipèdes d'une part, et les carnivores de l'autre, appartiennes à des types différents de celui auquel les rongeurs se rattachent. Les autres dérivés de ce dernier type sont les insectivores, les chauves-souris, les singes et l'homme. Conséquemment les rongeurs, tout en restant inférieurs au chat, au bœuf et au cheval, font cependant partie d'un groupe d'animaux qui, considéré dans son ensemble, est de beaucoup plus élevé en organisation que les groupes où sont contenus le cheval, le bœuf et le chat. Il semblerait donc que, dans la classe des mammifères, la durée normale de la vie tendrait à s'allonger par rapport à la durée de l'accroissement à mesure que le type génésique s'élèverait davantage. Si cette tendance est réelle, on peut prévoir que le chiffre exprimant cette proportion chez les monotrèmes et les marsupiaux, qui sont les derniers des mammifères, serait plus faible que 5, et au contraire, chez les singes, que leur organisation place si près de l'homme, il est vraisemblable que ce chiffre serait supérieur à 5 et peut-être à celui que nous offrent les rongeurs. Pourtant il faudrait savoir si l'influence du caractère génésique et du perfectionnement organique n'est pas combattue souvent par l'influence de quelque autre cause dont on n'a pas étudié les effets à ce point de vue, comme la taille, le régime ou la manière de vivre. Il y a là tout un ensemble de questions nouvelles que le temps seul pourra résoudre, car elles exigent beaucoup d'observations directes ; mais nous sommes en droit d'assurer dès à présent que le rapport de l'accroissement à l'étendue de la vie n'est pas uniforme dans la classe des mammifères, puisque dans le petit nombre de cas connus nous le voyons varier du simple au double.

Maintenant quel sera le chiffre exprimant ce rapport dans le genre humain ? Sera-t-il différent île celui des ruminants et des carnivores, et supérieur à celui des rongeurs ? Par analogie, on devrait le croire au moins égal à ce dernier, puisque l'homme est le plus parfait des êtres organisés. Hufeland pensait que tout animal dure huit fois plus qu'il ne met de temps à s'accroître. À ses yeux, l'homme s'accroît pendant vingt-cinq uns, et conséquemment la durée absolue de l'homme est de deux cents ans. « La mort qui arrive avant cent dix ans, dit-il, est presque toujours *artificielle*. » D'après la tendance que nous avons rappelée, il faudrait au moins admettre ici les deux siècles devant lesquels Hufeland n'a pas reculé ; mais l'histoire et la statistique ne s'accordent plus avec ce résultat. Il y a là une apparente contradiction, dont pourtant il est facile de se rendre compte. Toutes les fois que l'on compare l'homme aux autres animaux, il ne faut pas perdre de vue qu'il y a en lui quelque chose de plus que chez tous ceux-ci : il y a l'être intellectuel et moral, dont l'action use et affaiblit sans cesse les ressorts de la machine organique. Cette condition spéciale, qui fait sa force et sa grandeur, rendrait sa vie plus courte, relativement à sa croissance, que ne l'est celle des autres animaux, si la supériorité de son organisme ne tendait au contraire à allonger sa durée totale. Il y a donc pour lui une sorte de compensation par suite de laquelle, en définitive, on est porté à quintupler simplement la durée de son accroissement pour avoir la dune normale de son existence.

L'étude physiologique des âges dont se compose la vie humaine conduit à la même conclusion. Si l'accroissement en hauteur s'achève à la vingtième année, l'accroissement en grosseur se prolonge jusqu'à environ quarante ans. Au-delà de quarante ans, le corps peut augmenter de volume ; mais, comme le remarque très bien Buffon, cette extension n'est pas une continuation du développement de chacun des organes ; c'est une addition de matière surabondante, une simple accumulation de graisse qui surcharge le corps d'un poids inutile. Après ce développement en longueur et eu grosseur, M. Flourens établit qu'il s'opère encore dans la profondeur de nos tissus et de nos organes un travail intérieur, lequel, « rendant, dit-il, toutes ces parties plus achevées, plus fermes, rend aussi toutes les fonctions plus assurées et l'organisme entier plus complet. » Ce dernier travail, que M. Flourens nomme très justement *travail d'invigoration*, a lieu de quarante à cinquante-cinq ans, et, suivant ce physiologiste, il se maintiendrait encore jusqu'à soixante-cinq ou soixante-dix.

C'est seulement à cette époque qu'il fait commencer la vieillesse, la *première*, la *verte* vieillesse, car pour la dernière il ne la place qu'à quatre-vingt-cinq ans. Peut-être le savant académicien donne-t-il tel une extension un peu trop grande à l'âge viril, en faisant au contraire une part trop petite au dernier âge. À celui qu'il appelle l'*âge saint* de la vie. Sans doute il est difficile de fixer rigoureusement le terme de chacun d'eux, car ce terme varie presque pour chaque homme ; pourtant il est une mesure commune à laquelle nous nous arrêterons avec d'autant plus de confiance, qu'elle est généralement adoptée et qu'elle a pour elle la sanction du temps. On considère habituellement l'âge viril comme se terminant vers soixante ans, et à cette époque commence l'âge de retour, ou si l'on veut la première période décroissante. Buffon, s'adressant aux jeunes gens, disait à l'âge de soixante-dix ans : « N'ai je pas la jouissance de ce jour aussi présente, aussi plénière que la vôtre ? » Et il appelait la vieillesse un préjugé résultant, de notre arithmétique. Comment oser dire, après cela, que Buffon était déjà vieux à soixante ans, lui qui se trouvait encore jeune à soixante-dix ? Mais si quelques hommes privilégiés conservent après soixante ans les avantages attachés à l'âge viril, on conviendra que ce n'est pas là la règle. En général, à cette époque de la vie, plusieurs signes se manifestent qui indiquent l'origine de la décroissance. La vue s'affaiblit, la mémoire devient lente, et le cerveau en quelque sorte plus dur ; *memoria incipit difficilius reddi, ut duritien cerebri non possis non agnoscere*, dit Haller. La femme n'a plus le pouvoir d'être mère, l'homme perd également une partie de ses facultés caractéristiques. Alors aussi commence la diminution des forces en réserve ou des forces radicales, comme les appelle Barthez par opposition aux forces agissantes. C'est là, d'après M. Flourens lui-même, le caractère physiologique de la vieillesse [13]. Ce caractère se prononce de plus en plus à mesure que les années augmentent, mais il est déjà très sensible après soixante ans.

Nous croyons donc devoir faire subir une légère modification à la classification des âges telle que M. Flourens l'a proposée récemment. En dehors de la vie fœtale, il existe cinq âges principaux. — Le premier s'étend de la naissance à vingt ans. Il correspond à l'accroissement en hauteur et se compose de l'enfance et de l'adolescence. — Le second commence à vingt ans et finit vers quarante. Il répond au développement en grosseur et comprend la première et la seconde jeunesse. — Le troisième âge est renfermé entre la quarantième et la soixantième année. C'est l'âge viril. Il est caractérisé par ce travail d'invigoration que M. Flourens a si bien apprécié. — Avec le quatrième âge commence la décroissance, c'est-à-dire l'affaiblissement des organes et l'accomplissement moins entier des diverses fonctions physiologiques. C'est la première vieillesse, dont le signe principal consiste dans la diminution des forces en réserve. Elle s'étend d'ordinaire jusqu'à quatre-vingts ans. — A partir de cette époque, l'homme entre dans la seconde et dernière vieillesse, dans cet âge au bout duquel il peut être assuré de n'en pas recommencer d'autre. Nous ne saurions distinguer au moyen d'un signe précis cette seconde période décroissante de la première vieillesse. Burdach l'a dit avec beaucoup de raison : plus la vie avance, plus elle se diversifie chez les individus, et plus il devient difficile d'arriver par voie d'abstraction à établir le caractère essentiel et normal de ses périodes. Tous les traits qui marquent l'âge précédent sont seulement ici plus fortement accusés ; toutes les facultés sont amoindries ; la décroissance s'étend à toutes les parties de l'organisme, jusqu'à ce qu'enfin le vieillard éprouve ce complet épuisement, cette difficulté d'être dont parle Fontenelle, cette défaillance universelle, comme dit Bacon, qui précède toujours la mort naturelle.

La vie se compose ainsi de cinq périodes : deux d'accroissement, une de repos, et deux de décroissance. Ces périodes sont égales entre elles d'une manière générale, à l'exception de la dernière, dont la fin est ordinairement hâtée, ou qui peut dans quelques cas se prolonger davantage. L'étendue de ces divers âges s'accorde bien avec celle que leur donnait Pythagore ; seulement le nombre 4 étant le plus parfait aux yeux de ce philosophe, il n'y avait pour lui que quatre âges, et il terminait impitoyablement la vie à quatre-vingts ans. Au-delà de cet âge, il ne comptait plus personne au nombre des vivants. En cela, César fut pythagoricien : « César, dit Montaigne, à un soldat de sa garde recru et cassé qui vint en la rue lui demander congé de se faire mourir, regardant son maintien décrépit, répondit plaisamment : Tu penses donc être en vie ? » Ce n'est pas ici le lieu de décider si au-delà de quatre-vingts ans on a tort ou raison d'exister ; il nous suffit de constater que le cinquième âge est dans l'ordre naturel des choses.

En résumé, les chiffres de la statistique, les faits que l'histoire a enregistrés et les données que fournit la physiologie nous amènent à conclure : 1° que la durée moyenne de la vie est aujourd'hui en Europe de trente-six à quarante ans ; 2° que la durée ordinaire est à peu près de soixante-quinze ans, 3° que la durée anormale est au moins d'un siècle, et demi ; 4° enfin que la durée naturelle n'est guère moindre qu'un siècle. Ce dernier résultat n'est pas nouveau. Haller, Buffon et d'autres physiologistes l'ont proclamé depuis longtemps, mais sans preuves suffisantes. Il vient de revêtir le caractère de la certitude sous la plume habile de M. Flourens. Plus nos connaissances s'accroissent, et plus cette vérité se dégage nettement de l'ensemble des faits.

Cicéron a dit : « Si courte que soit la vie, elle est toujours assez longue, pourvu qu'elle ait été bonne et honnête. » Belle parole ! parole d'un sage, mais que d'ordinaire les vieillards prisent peu ! Ils veulent l'existence à la fois bonne et longue, et, si elle est douloureuse, ils parleront plutôt comme Mécenas dans La Fontaine, l'auteur de *Werther*, devenu vieux, ne disait-il pas à son tour : « Aimable vie, douce et chère habitude d'exister et d'agir, me faudra-t-il donc renoncer à toi ? » Comme ce sentiment est inhérent à notre nature même, partout et toujours on a cherché les moyens de conserver la vie et d'en étendre le cours. Les premiers efforts tentés pour en reculer les limites remontent à l'origine de la médecine. C'était le principal but de la gymnastique chez les Crées, et la *gérocomie* a compté des adeptes dans toute l'antiquité. Le moyen âge, avide et crédule, n'a pas déployé plus d'ardeur à la poursuite de la transmutation des métaux qu'à la préparation des quintessences de longue vie. Il est curieux de connaître ce que les alchimistes entendaient par une longue vie. C'est celle, dit Paracelse, dont le terme n'arrive qu'entre neuf cents et mille ans, ou qui pour le moins se compose de six cents années. Les temps modernes ont eu aussi leurs élixirs et leurs procédés mystérieux, et le siècle présent n'est pas resté complètement en arrière sur ceux qui l'ont précédé dans la recherche de la longévité. Seulement, à mesure que la science a progressé, l'art de prolonger la vie semble s'être restreint de plus en plus, et il se borne maintenant à un ensemble de soins et de précautions purement hygiéniques. On ne tente plus aujourd'hui de rappeler la vie dans un corps usé en le rapprochant d'un enfant, ainsi que l'ont prescrit Galien, Paul d'Egine et le grand Boerhaave lui-même, ni de réparer un sang que l'âge a appauvri par la substitution d'un sang plus jeune, ainsi qu'on l'a essayé plusieurs fois à Paris. Encore moins songe-t-on à se placer sous l'Influence des astres. Que sont devenus les baquets de Mesmer, la panacée universelle de Paracelse, les élixirs de Cagliostro, le thé du comte de Saint-Germain ? L'expérience a fait justice de tous ces remèdes chimériques, aussi bien que des préparations d'or, de perles, de pierres précieuses, d'ambre et de bezoar, que Bacon recommandait encore comme les substances les plus propres à prolonger l'existence.

Tant qu'on n'a vu dans la vie qu'une opération purement physique et chimique, on a pu croire sans trop de déraison qu'il serait possible de déterminer des conditions capables de la retarder et par suite d'en changer la durée. C'est ainsi que Hufeland, après avoir posé divers principes sur la nature de ce phénomène tel qu'il le comprenait, en a tiré des règles à observer dans le régime habituel, et a pensé constituer de la sorte une science particulière, la *macrobiotique* ; mais il y a autre chose dans l'organisme humain que le simple concours des forces qui régissent la matière inerte, il y a de plus cette force mystérieuse dont la nature nous échappe, et que, sans la connaître, nous appelons force vitale. On concevrait difficilement que l'homme pût reculer les limites de la vie lorsqu'il ignore la cause même de ses manifestations. Renonçons donc à l'espoir de prolonger notre durée normale. Tout ce que pourra faire l'avenir, ce sera d'écarter de nombreuses causes de mort et portant d'accroître les jours des individus. On peut lutter contre l'âge aussi bien que contre, la maladie, a dit Cicéron, et cela est vrai jusqu'à un certain point. Plus la médecine, l'hygiène et surtout la physiologie se perfectionneront, et plus nous devrons approcher de ce terme fixé par la nature auquel le petit nombre seulement a atteint jusqu'à présent La vie moyenne s'allongera, et il ne sera plus si rare de voir la mort déterminée par la vieillesse seule. Cet état de choses est probable, parce qu'il n'est que le développement de la loi de notre durée. La science ne peut rien promettre de plus à ceux qui lui demandent de prolonger la vie. Pour éviter les tentatives superflues, il faut toujours, selon l'expression de Buffon, distinguer l'empire de Dieu du domaine de l'homme. Disons-le avec assurance : la science, ne transgressera jamais les lois de la nature. Comment le pourrait-elle faire, puisqu'elle n'a d'appui et de fondement que dans ces lois mêmes ? Eh bien ! il y a une loi qui règle la durée de la vie, non une loi rigoureuse et absolue, elle se relâche quelquefois et souffre des exceptions ; mais enfin le terme de la vie oscille entre certaines limites et ne franchit pas la limite extrême. Reculer ce terme d'une manière notable, ce serait modifier la loi de notre durée, ce serait envahir l'empire de Dieu, et le pouvoir de la science humaine ne saurait aller jusque-là.

Notes

1. On sait que Michel Adanson a étudié sous ce rapport certains végétaux du Sénégal, les baobabs, et s'est assuré qu'il en est parmi eux dont l'origine remonte au commencement des temps historiques, et qui sont âgés de cinq et six mille ans.

2. En nous basant sur les calculs de Demonferrand, nous trouvons que les septuagénaires (de 70 à 80 ans exclusivement) forment encore près d'un trente-troisième de la population française, et que les octogénaires de 80 à 90 ans) n'en sont plus que la cent-soixantième partie environ. Sur les 33 millions d'habitants qui peuplaient la France à l'époque où Demonferrand a dressé ses tables, les nonagénaires (de 90 à 100 ans) étaient au nombre de 17,559, et ne constituaient par conséquent que la dix-neuf-centième partie de la population totale. Ces derniers résultats s'éloignent peu de ceux qu'a adoptés M. Mathieu. Suivant ce statisticien, les octogénaires formeraient le cent-soixante-quatorzième, et les nonagénaires la dix-sept-cent-quarantième de la repopulation.

3. On a remarqué à Genève une progression analogue. Au XVIe siècle, la durée moyenne de la vie y était de 18 ans et 5 mois, au XVIIe de 23 ans et 4 mois ; puis elle s'est beaucoup accrue pendant la première moitié du XVIIIe siècle, où elle a atteint 32 ans et 8 mois, et dans la seconde moitié elle est parvenue à 33 ans et 7 mois. Enfin de 1815 à 1826 elle était dans la même ville de 38 mis et 10 mois. Schubler a aussi trouvé des proportions semblables pour Stuttgart. En comparant deux époques, l'une qui s'étend de

1762 à 1792, l'autre de 1812 à 1827, il a vu qu'elles donnent pour les sexagénaires le rapport 22 à 24, pour les septuagénaires 13 à 14, pour les octogénaires 10 à 11, et pour les nonagénaires 8 à 11.

4. En France, sur 1,000 naissances, 364 personnes atteignent 60 ans, d'après Demonferrand. Ce nombre n'est que de 314 dans le canton de Vaud suivant Muret, de 272 en Belgique suivant Quetelet, de 270 en Angleterre, de 197 à Berlin selon Casper, et à Vienne il n'atteignait que 91 dans les tables déjà anciennes de Süssmilch. Sur la même quantité de naissances, 230 personnes arrivent en France à 70 ans, 178 en Angleterre, 170 en Belgique, 168 en Suisse, 112 à Beilin, et enfin 44 à Vienne d'après Süssmilch. On compte en France sur 1,000 naissances 77 vieillards de 80 ans, en Angleterre 74, en Belgique 59, en Suisse 46, à Berlin 36, à Vienne 14. Enfin les nonagénaires sont dans la proportion de 9 en Angleterre, 8 en France, 6 en Belgique, 5 en Suisse, 3 à Berlin et 1 à Vienne. D'après les talles de Wargentin, qui remontent au siècle dernier, la Suède tiendrait le milieu entre la Suisse et la Belgique. Nous savons en outre qu'en Russie sur 1,000 morts il y en a 49 de 70 à 80 ans, 24 de 80 à 90, et 9 au-dessus de 90. Ces divers résultats n'ont pas tous été obtenus à la même époque, et par conséquent ne sont pas de tout point comparables ; mais il est probable que les variations que le temps a pu y apporter ne modifieraient que légèrement les précédents rapports.

5. Calvados, Gers, Basses-Pyrénées, hautes-Pyrénées, Cantal, Charente, Orne, Lot-et-Garonne, Lot, Maine-et-Loire, Areyron, Gironde, Lozère, Deux-Sèvres, Manche, Tarn-et-Garonne, Doubs, Mayenne, Dordogne, Creuse, Loire-Inférieure, Eure, Vienne, Haute-Marne, Indre-et-Loire, Haute-Loire, Ariège, haute-Garonne.

6. Jura, Puy-de-Dôme, Vendée, Sarthe, Charente-Inférieure, Corse, Seine-et-Oise, Somme, Oise, Tarn, Seine-Inférieure, Corrèze, Eure-et-Loir, Cote-d'Or, Pas-de-Calais, Ardèche, Manche, Aube, Ardennes, Maine, Drôme, Allier, Vosges, Ille-et-Vilaine, 18ère, Yonne, Var, Menrthc, Meuse, Aude, Landes, Hérault, Ain.

7. Seine, Rhône, Hautes-Alpes, Côtes-du-Nord, Morbihan, Loire, Bouches-du-Rhône, Cher, Haute-Vienne, Basses-Alpes, Saône-et-Loire, Haute-Saône, Indre, Nièvre, Gard, Loir-et-Cher,

Loiret, Finistère, Nord, Seine-et-Marne, Haut-Rhin, Pyrénées-Orientales, Aisne, Bas-Rhin, Vaucluse.

8. Quoiqu'il naisse en France 17 garçons pour 16 filles, l'inégalité ne tarde pas à se prononcer en sens inverse. À un an, ou trouve déjà sur mille naissances de chaque sexe 848 enfants femelles pour 823 enfants mâles ; à vingt ans, le nombre des hommes est de 624, celui des femmes de 652. D'après Demonferrand, la différence devient plus faible à soixante ans, où elle n'est plus que de 363 à 365, et à soixante-dix de 229 à 232 ; enfin elle disparaît presque à quatre-vingts ans, où elle est de 76 à 77, et elle est nulle à quatre-vingt-dix ans, où chaque sexe compte 8 représentants. Wargentin a trouvé qu'en Suède il meurt en hommes 1/10e ou 1/11e de plus qu'en femmes. Dans ce pays, la vie des femmes est beaucoup plus certaine que celle des hommes depuis vingt jusqu'à trente ans; la différence est moins grande dans l'enfance et la vieillesse, et elle s'évanouit presqu'entièrement de trente, à trente-cinq ans. En Belgique, d'après M. Quetelet, les garçons sont plus nombreux au-dessous de seize ans : on en compte alors 373 contre 335 filles ; mais de seize à cinquante ans le nombre de celles-ci augmente dans le rapport de 482 à 462. Au-dessus de cinquante ans, on trouve 183 femmes pour 165 hommes, et sur 5 nonagénaires il y a 3 femmes. À Berlin, sur 1,000 personnes, les deux sexes présentent les rapports suivants : à un an, il y a 718 garçons pour 734 filles ; mais la différence ne tarde pas à devenir beaucoup plus grande. À soixante ans, on ne trouve plus que 178 hommes pour 217 femmes, à soixante-dix ans 93 hommes pour 130 femmes, à quatre-vingts ans 29 hommes pour 43 femmes, et à quatre-vingt-dix ans un seul homme pour 5 femmes.

9. Dans l'espace de neuf années, Pierre Wargentin a compté en Suède 23 hommes et 20 femmes au-dessus de 110 ans. En Islande, sur une population de 47,000 âmes, il y avait, au rapport de Mackensie, 41 individus de 90 à 100 ans.

10. On connaît le quatrain de Voltaire à Mme Lullin :

Nos grands-pères vous virent belle.

Par votre esprit vous plaisez à cent ans.

Vous méritez d'épouser Fontenelle,

Et d'être sa veuve longtemps.

11.	Les principaux os des membres présentent un corps allongé et sont terminés à leurs extrémités par des éminences qui dans le jeune âge en font distinctes, et qui se soudent par les progrès du développement. C'est à ces éminences qu'on a donné le nom d'épiphyses.

12.	Chez les insectes, la période larvique est incontestablement une période d'accroissement ; mais en même temps on peut la considérer comme une période de développement embryonnaire en dehors des enveloppes du parent. Sous ce dernier rapport, elle se rattache à la question des métamorphoses que l'un de nos savants collaborateurs, M. de Quatrefages, a traitée dans la Revue des Deux Mondes (1er et 15 avril 1855), et dont, nous n'avons pas à nous occuper ici.

13.	« Les anciens physiologistes, dit M. Flourens, distinguaient avec grande raison dans nos organes deux espèces ou plutôt deux provisions de forces, les forces en réserve et les forces en usage, ou, comme ils disaient, vires in posse et vires in actu... Dans la jeunesse, il y a beaucoup de forces en réserve... Tant que le vieillard n'emploie que ses forces agissantes, il ne s'aperçoit point qu'il ait rien perdu ; pour peu qu'il dépasse la limite de ces forces usuelles et agissantes, il se sent fatigué, épuisé ; il sent qu'il n'a plus les ressources cachées, les forces réservées et surabondantes de la jeunesse. »

ISBN : 978-1719407205

www.ingramcontent.com/pod-product-compliance
Lightning Source LLC
Chambersburg PA
CBHW030043230526
45472CB00005B/1652